U0269659

如何解决塑料问题？

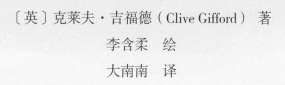

〔英〕克莱夫·吉福德（Clive Gifford） 著

李含柔 绘

大南南 译

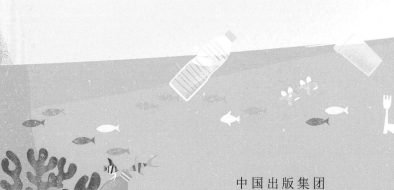

中国出版集团

中译出版社

目录

特里迪拜什·戴伊博士给小朋友们的一封信

特里迪拜什·戴伊博士
奥胡斯大学塑料专家

特里迪拜什是一位研究塑料的科学家，同时拥有工程学方面的背景。他研究日常生活中的塑料，也在印度城乡地区参与过塑料回收工作。他与其他科学家、专家和国家领导人一起合作，共同应对塑料污染问题。

"塑料"一词是指由化合物制成的多种材料。如今，塑料污染已经成为一个严重的问题，因为安全处理塑料垃圾的速度远远跟不上塑料生产的速度，导致污染范围不断扩大。地球上的一切，包括所有的生物，都受到了影响。

塑料能在自然环境中长期存在，有害物质会残留在空气、水和土壤中。越来越多的塑料进入了生物体内，就连人类体内和血液中也发现了它们的踪影。科学家发现，塑料中许多常见的化学物质会引发严重疾病。

我们每个人都可以采取行动，避免塑料造成更大的危害。在日常生活中避免或减少使用塑料制品（比如包装袋），这一小小的举动就能让情况得到很大改善，因为这会促使生产商和企业寻找塑料的替代品。回收塑料帮助也很大。我们可以请求政府人员加强对塑料生产和化学品使用的管控。你也可以和朋友相互交流、学习，并积极宣传相关的理念。最后，你可以多多关注科学、技术和社区，为解决塑料问题出一份力。

当你读完这本书，会掌握许多塑料问题的相关知识，请一定要大方分享出去，让更多人知道。请让别人听到你的声音，同时你也要相信，我们可以共同努力，改变现状。我们的未来会变得更美好。

★本书插图系原书插图。

思维导图

本书运用"思维导图"的方式，将大量不同类型的信息连接成"一张思维地图"，使复杂的话题易于理解。本页的思维导图重点关注"如何解决塑料问题"这个主题，并将此主题细分为八个小问题，这些问题也是每个章节的主题。

深入探究

对于感兴趣的话题，你可以沿着标记好颜色的线逐一展开研究。比如不再使用塑料有两种主要方法：全球禁塑以及选择购买替代材料。顺"线"摸"瓜"，就可以看到更多细节。

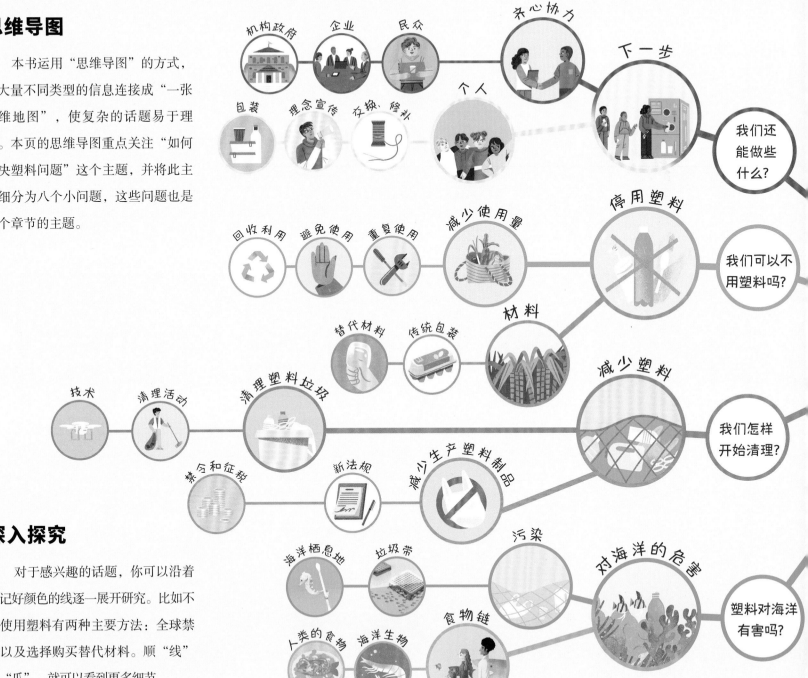

机构政府　企业　民众　齐心协力　下一步

个人

包装　理念宣传　交换、修补

我们还能做些什么？

回收利用　避免使用　重复使用　减少使用量　停用塑料

我们可以不用塑料吗？

替代材料　传统包装　材料　减少塑料

技术　清理活动　清理塑料垃圾

我们怎样开始清理？

禁令和征税　新法规　减少生产塑料制品

海洋栖息地　垃圾带　污染　对海洋的危害

人类的食物　海洋生物　食物链

塑料对海洋有害吗？

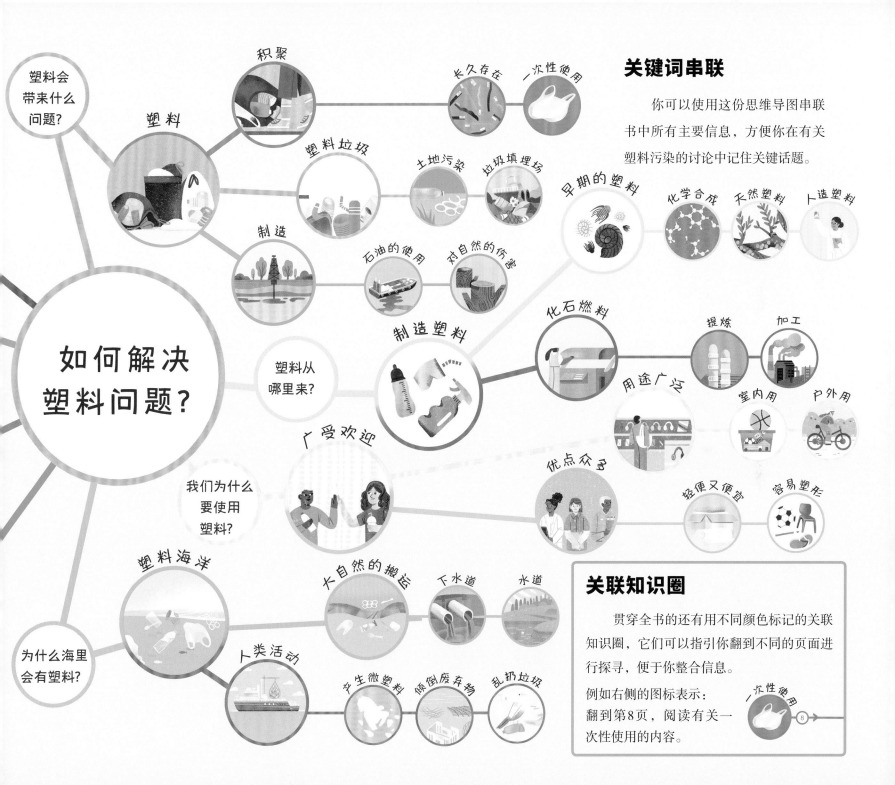

关键词串联

你可以使用这份思维导图串联书中所有主要信息，方便你在有关塑料污染的讨论中记住关键话题。

关联知识圈

贯穿全书的还有用不同颜色标记的关联知识圈，它们可以指引你翻到不同的页面进行探寻，便于你整合信息。

例如右侧的图标表示：
翻到第8页，阅读有关一次性使用的内容。

塑料会带来什么问题？

我们每年都会制造、使用数亿吨的塑料。塑料用途非常广泛，但它们被丢弃以后，难以分解，还会在自然界中长久存在。塑料会污染土地、河流、海洋，对许多生物和整个生态系统都造成伤害。

积聚

塑料被丢弃后，还会存在很长时间，就连一次性塑料制品也能存在几个世纪之久。

长久存在

6

一次性使用

8

塑料

塑料是一种人造材料，可塑性强，可以被塑造成任何形状。它的生产成本相对低廉，用途很广，却也造成了很多问题。

塑料垃圾

处理用过的塑料成本高，又浪费资源，还会占用大量空间。

土地污染

10

垃圾填埋场

12

制造

制造塑料所消耗的资源量远高于生产塑料原材料所消耗的资源量。

石油的使用

14

对自然的伤害

15

长久存在

塑料经久耐用，很受欢迎。与许多材料相比，塑料的耐用性和坚固性十分惊人，但这种巨大的优势也有代价。在塑料制品完成使命并被丢弃后，塑料和它内部的有害化学物质还会长久存在。

腐烂材料释放出的养分为土壤增添了许多有用物质。

生物降解

水果、蔬菜以及纸张和棉花等天然材料都会腐烂。它们会被生物降解或者自行腐烂，成为能够被土壤吸收的更简单的物质。

一个苹果需要四到八周的时间降解。

分解者

蠕虫、千足虫、细菌以及蘑菇等真菌会把腐烂的材料分解成更简单的物质。有些化学物质（比如氮和磷）会被再次利用，让植物在土壤中更好地生长。

自然的清理

许多天然材料只需要几周时间，就能在环境中完全分解，而人造物质通常需要更长时间才能分解。

垃圾填埋场

12

用木材制成的纸大约需要六周时间分解。

大多数水果和蔬菜过上几周就会腐烂。

棉质衣服最多五个月就会分解。

仍未消失

在过去120年里，人类制造的大部分塑料还没有在自然界中完成分解，结果就是，塑料垃圾越来越多。

分解

塑料不易分解，它的分解周期很漫长。塑料首先会分解成小颗粒，也就是我们说的"微塑料"，但是要等到它完全分解，还得过上好几百年。

500年以上
塑料牙刷

20~50年
一个一次性塑料袋

450年
聚对苯二甲酸乙二醇酯（即PET）塑料瓶

大约400年
环形塑料便携包装

知识圈

大自然的回收利用方式对塑料而言并不适用。分解者无法像分解食物、纸张等天然材料那样去分解塑料。

长达200年
塑料吸管

50年及以上
聚苯乙烯泡沫塑料杯

一次性使用

　　每年生产的塑料，有超过三分之一被用来制造袋子、瓶子、包装纸和吸管等物品。很多这样的制品只用过一次，或是几分钟，就被扔掉了。棉签的使用周期比它的制作周期短得多。这种消耗方式造成了巨大的浪费，也形成了堆积如山的塑料垃圾和污染。

有弹性的一次性塑料气球在爆裂或放气后，要过很久才会分解。

使用和丢弃

　　有些可以重复使用的塑料物品常被当成一次性物品使用。例如，参加节庆活动的人有时会丢掉活动用的塑料帐篷和服装，这造成了很多不必要的浪费。

只是单纯的纸制品吗？

　　有些一次性塑料制品隐藏在其他材料制成的容器里。果汁、牛奶等饮品的纸盒包装内侧有一层塑料膜，而这些纸盒只用一次就会被扔掉。

塑料袋

　　大多数薄薄的塑料袋只用了不到15分钟就被扔掉了。之后，它们会随着风沿着陆地飞得很远，或是落到河里。

微塑料

服装装饰亮片

大多数亮片是由PET塑料和铝制成的。这种小亮片体积不大，却很难分解，一旦被冲洗掉，就会经由水道流向大海。

便携咖啡杯

每年，人们会使用、丢弃数十亿个一次性聚苯乙烯杯子。这些杯子是无法被回收利用的。

快餐包装

在顾客用完一顿简餐以后，塑料叉、吸管、汉堡盒和薯条盒就会被扔掉。

知识圈

一次性塑料无处不在！人们每天都要大量使用。如果我们能避免制造、使用塑料，就能阻止塑料填满垃圾场、污染土地和海洋。

土地污染

　　塑料制品一旦被当成垃圾丢弃，就会引发很多问题。这些塑料垃圾不但会破坏景观，还会对当地动植物造成更大的伤害。塑料袋或塑料布会蒙在植物表面，让它们接触不到生长所需的阳光。昆虫、青蛙和雏鸟可能会被困在塑料容器里面。塑料中的有毒化学物质还会污染土壤和水。

诱人的"佳肴"

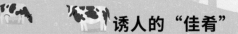

　　很多生物会被颜色鲜艳的塑料吸引，把塑料当成食物。一旦误食，塑料就会粘在这些生物的喉咙或肠道中，使它们生病，甚至死亡。

致命的盖子

　　长嘴鸟可能会啄破塑料咖啡杯盖，单靠自己又无法甩掉挂在嘴上的盖子，因此会合不上嘴，如果没有外界的帮助，它们就无法正常进食或饮水。

被塑料缠住

　　网、绳子、钓鱼线等塑料制品可能需要几个世纪才能分解。它们会缠在鸟类和小型哺乳动物身上，给这些动物带来痛苦和伤害。

火灾隐患

　　一丝火花、一道闪电、一根点燃的火柴或香烟都有可能引燃一些塑料。这些塑料会迅速燃烧起来，并散发出有毒气体。它们还可能点燃干草和木头，引发火灾。

环形塑料便携包装

用来固定易拉罐的塑料便携包装会卡住鸟类和哺乳动物的脖子。如果没有外界的帮助，它们可能会被勒死。

知识圈

结实耐用的塑料会给野生动物带来真正的麻烦。让塑料垃圾远离乡村地区，有助于促进各类物种的繁衍生息。

乡村塑料清理

在乡村散步或野餐的人往往会留下塑料垃圾。如果我们不能及时清理掉自己或别人留下的这些垃圾，它们就会污染土地。

地下的塑料

袋子等质量较轻的塑料制品会被风吹进动物栖息的洞穴，堵住洞口。

被风吹走

32

化学危害

塑料中的部分有害化学物质会进入土壤和水。科学家们正在研究这些化学物质会对生物造成多大危害。

土壤污染

蠕虫和跳虫等生物可以为土壤增加空气和养分，改善土壤质量，然而，土壤中不断增加的微塑料对这些生物构成了威胁。科学家认为，微塑料会影响土壤中有益生物的生长和活动。

垃圾填埋场

每年，全世界会产生超过20亿吨的固体废料，重量相当于3亿多头非洲象的体重总和。其中，将近五分之一的废料都是塑料。这么多塑料垃圾会去向何方？有些可以回收利用或被焚烧处理，但是大部分塑料垃圾都被埋进了垃圾填埋场。垃圾填埋场占用了数千公顷的土地，而这些土地本来可以发挥其他作用，或者留给大自然。垃圾填埋场中的塑料垃圾会导致许多问题。

温室气体

腐烂的塑料垃圾会向大气释放甲烷，而甲烷是导致气候变化的主要温室气体之一。

改变环境

垃圾填埋场破坏了许多生物的栖息地，一些野生动物被迫离开。这里也成了滋生苍蝇、老鼠等生物的温床，它们会传播疾病。

塑料垃圾

虽然塑料垃圾的重量只占全部垃圾的10%~15%，但却占据了垃圾填埋场的绝大部分空间。这是因为塑料制品质量轻、体积大，而且也不会像纸张、卡片和食物那样迅速腐烂分解。

化学危害

燃烧塑料

高温焚烧可以缩小部分塑料垃圾的体积，所剩的余烬可以被掩埋。然而，如果过滤不仔细，焚烧塑料垃圾的过程会释放温室气体，以及少量其他有毒物质。

给当地人制造问题

垃圾填埋场的维护费用比较高，垃圾填埋场不仅影响社区环境，还会给周边居民带来噪音和恶臭，严重影响身体健康和生活质量。

火灾隐患

垃圾填埋场危机四伏，里面满是尖锐物品和危险的化学品，并且存在火灾隐患。填埋场里的甲烷等气体很容易燃烧。

占用空间

垃圾填埋场占用了大量原本可以用来建设公园、农田和新房的土地。在大城市里，可填埋垃圾的空间逐渐耗尽，但垃圾数量却还在不断增加。

污染风险

雨水流经垃圾填埋场的时候，会带走从塑料垃圾中渗出的有害化学物质。这种垃圾渗滤液，会流入土壤、溪流和河流，产生污染，并伤害千里之外的生物。

温室气体

知识圈

大量塑料垃圾最终会被填埋，这个过程会释放许多有害的气体和化学物质。减少使用塑料制品，可以从源头减少待填埋垃圾的数量。

资源浪费

　　塑料的造价成本虽然不高，却让地球的自然资源和环境为此付出了高昂的代价。石油是大部分塑料的原材料，而它是一种不可再生资源，也就是说，一旦石油耗尽了，在未来的几百万年时间里，地球上都不会再产生新的石油了。同时，石油开采、制造和运输塑料的过程消耗了大量能源，进一步加剧了温室效应，引发了气候变化。

石油资源

　　每年全球石油总产量的大约6%被用来生产塑料。勘探、开采和运输石油的过程也会耗费大量能源和其他资源。

塑料所消耗的能源

　　通过提炼到把石油转化为塑料，再到把塑料原料运到工厂，这个过程会消耗大量的能源，而这些能源往往是靠燃烧更多的石油产生的。

石油泄漏

　　油井、油轮泄漏的石油会对海洋和陆地造成巨大破坏。石油泄漏一次的量能杀死数百只海龟和数千只鸟。

加剧温室效应

地球的大气层会吸收来自太阳的能量。大气中的气体就像温室一样，可以吸收部分热量，给地球表面保温。然而，燃烧的石油、煤炭和天然气会向大气中排放更多的温室气体，这些气体让地球变得更温暖，也改变了我们的气候。

有些热量被地球表面反射，进入了太空。

有些热量则被额外产生的温室气体阻挡，无法进入太空。

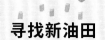

塑料制造

20

寻找新油田

对石油的巨大需求促使人们不断开发新油田。有些位于旷野中的油田一旦被开采，就会破坏生物的栖息地，打破周边动植物之间的微妙平衡。

运输

许多塑料制品在到达使用者手中之前，要先被装上轮船、火车和卡车，经历漫长的环球运输。而大多数情况下，很多塑料制品的使用周期其实非常短。

运输塑料制品的车辆，使用由石油制成的汽油作为燃料。

知识圈

制造塑料消耗的能源和其他重要资源远比其消耗的石油要多。运输、处理塑料的过程会向地球大气排出更多温室气体。

造成浪费

处理废弃塑料要耗费大量能源和资源。一些垃圾处理车所耗费的能量，能为15至20户家庭供电一年。

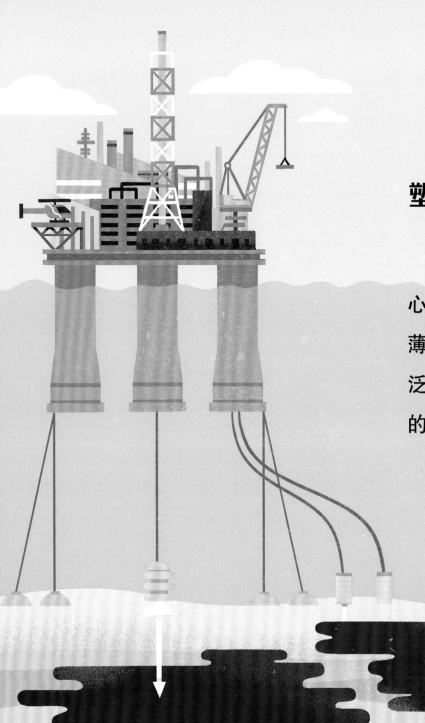

塑料从哪里来？

塑料的种类很多，从结实的实心塑料块，到有弹性的带子和透明的薄膜，应有尽有。塑料的用途极为广泛。人们发明的新型塑料越多，它们的用途就越多。

制造塑料

世界上有成千上万种塑料，其中绝大多数是在20世纪发明的。塑料已经成为现代生活的重要组成部分。

早期的塑料

少数塑料（如天然胶乳）来自自然界，但是大多数塑料是人类利用化学反应制成的合成材料。

化学合成

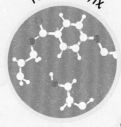

天然塑料

人造塑料

化石燃料

几乎所有的合成塑料都是由从地下储油中开采的原油制成的。

提炼

加工

近观塑料

不同类型的塑料有着不同的外观、手感和特性，却也有一个共同点：它们都是聚合物。也就是说，它们都是由重复分子组成的长链构成的。每个分子被称为"单体"，塑料中的单体通过强有力的化学键，和自己相邻的单体牢牢相连。一块塑料里面，有数千甚至上百万个这样的分子链。

原子的组合模式

大多数塑料含有众多碳原子，以及硫、氧、氢等其他原子。不同的原子组合模式赋予了每种塑料独一无二的特性，例如，网球使用的PET塑料耐磨，运动饮料瓶使用的低密度聚乙烯（即LDPE）塑料软滑。

天然塑料

人类使用天然塑料的历史已经有2500多年。古代中美洲人从橡胶树的树干中提取乳胶汁液，加热后可硬化成天然橡胶。

替代材料

龟壳

人们曾将陆龟和海龟龟壳打磨成柔韧的天然塑料，用其制作珠宝和眼镜框。

60

人造塑料

19世纪，化学家们开始通过实验制造塑料。最初的人造橡胶，是化学家用硫黄处理天然橡胶时偶然制成的。人们用这种新材料制作自行车轮胎和鞋底。

合成塑料

合成橡胶木是第一种仅靠化学工艺制成的完全合成塑料。它很受欢迎，应用广泛，从电话到按钮，很多物品上都有它的身影。

替代天然塑料

由植物纤维制成的纤维素塑料，取代了用于制造电影胶卷、钢琴键和假牙的天然塑料和动物牙齿。这也是最早用来替代这两种天然材料的塑料之一。

仍未消失

动物角

梳子、刀叉餐具，以及早期灯笼上的透光窗，都是用特定动物的角雕刻而成的。现在，人们用更便宜的材料来制造这些用具。

虫胶

清漆和早期黑胶唱片是用雌性紫胶虫分泌的树脂制成的。现在的黑胶唱片是由合成塑料制成的。

知识圈

天然塑料有着悠久的历史，但我们最熟悉的，还是人类在过去100年里发明、制造的人造塑料。事实证明，这些合成塑料广受欢迎。

塑料是怎样制造出来的?

　　超过95%的塑料是石油和天然气等化石燃料经过化学反应而制成的。人们在地底深处发现原油等物质以后,以钻探或采矿手段把它们开采出来,运到精炼厂,再加工制成各种塑料。人类对塑料的需求正在快速增长,当前的塑料产量已经达到2000年的两倍。

塑料制造

　　原油在蒸馏塔中受热,从液态变成气态。蒸馏塔从原油中分离出被称为"馏分"的物质。石脑油是塑料制造中最常用的馏分。

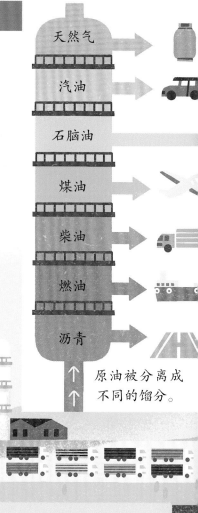

原油被分离成
不同的馏分。

运输石油

　　许多原油和天然气是通过海上钻井开采出来的。巨型油轮或管道会把这些从地层中开采出来的原油运往陆上炼油厂。

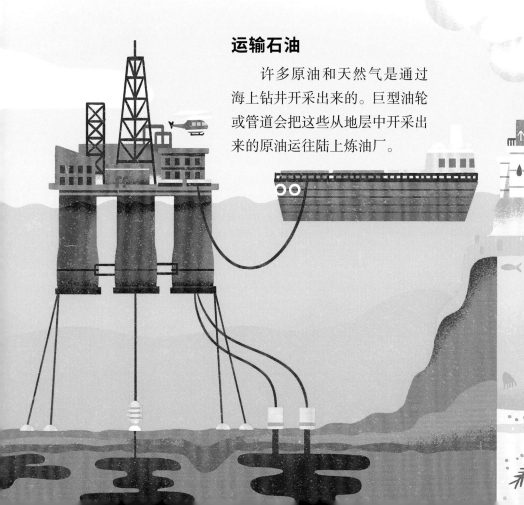

化石燃料从何而来?

　　化石燃料(例如煤和石油)是从地壳中开采的天然燃料,是由腐烂的动植物在层层叠叠的泥土和岩石的压力下形成的。

这一层经过数百万年才变成石油。

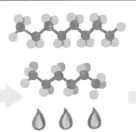

石脑油是"裂解的"。它受热以后，会分解成丙烯、乙烯等质量较轻的物质，这些物质是制造许多塑料的基础。

由高温和其他物质引起的化学反应，会产生由较小的重复分子组成的长聚合物链。

长聚合物链上可以添加其他物质，来制造特定类型的塑料。有些物质是有毒有害的，还可以加入化学染料，让塑料呈现出特定的颜色。

知识圈

大多数塑料是通过加工化石燃料制成的。随着人们对塑料的需求不断增加，塑料的生产方式也有所改进。现在，我们每年能生产出数千万吨的塑料。

34

胶粒入海

从液态到固态

经过加工后，液态塑料冷却形成固态，然后被压碎，制成粉末。更普遍的情况是，人们将固态塑料切成被称为"胶粒"的小块。

数以万亿计的胶粒被运到世界各地的工厂里，它们会在工厂里被熔化，然后被制成塑料材料或产品。

塑料数量激增

全球每年生产的塑料重量相当于350万头蓝鲸的体重总和，也就是4.5亿吨。而在1960年，全球每年新生产的塑料只有800万吨。

我们为什么要使用塑料？

塑料在20世纪50年代开始流行。有人把它誉为一种廉价、轻便、耐用的神奇材料。好像突然之间，以前用木头、金属或陶瓷制作的东西都变成了塑料制品。今天，大多数家庭使用的塑料制品的数量远远超出你的想象。

广受欢迎

塑料广受欢迎的原因在于其低廉的成本和丰富的可选择性。与其他材料相比，塑料的制造成本往往更低，人们也可以根据不同的需求把塑料制成各种尺寸和形状。

用途广泛

塑料用途很广，也就是说，它可以用在许多不同的地方，从模压箱到防水雨衣，再到透明食品包装，不胜枚举。

优点众多

大多数塑料轻便、价低，且容易塑形。这些有用的特性使塑料非常受欢迎。

室内用

户外用

轻便又便宜

26

容易塑形

28

室内和户外

明天起床以后，你不妨去数数自己在半小时内用了、摸了多少件塑料制品。这个数量可能会让你大吃一惊。那些你以为不是塑料的——柔软的地毯、垫子，或是坚硬的强化复合地板，也可能是由塑料制成的。甚至，有些人的家里全是塑料制品！

浴室

你的浴室里其实也有很多塑料制品。从按压式的LDPE洗发水瓶，到尼龙刷毛的牙刷，再到现代浴缸和淋浴池，塑料无处不在。

许多儿童玩具是由丙烯腈-丁二烯-苯乙烯共聚物（即ABS树脂）制成的，这是一种坚韧、有光泽的固体塑料。

计算机

一台计算机上有20%~40%的零件是塑料制品。在计算机内部，电子设备安装在塑料电路板上，并通过塑料包覆的电线连接。

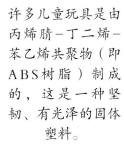

人们用聚丙烯塑料制成的盒子存放、携带食物。这种材质可以反复清洗，循环使用。

孩子的卧室

很多衣服、玩具和鞋是由塑料制成的。玩具中的橡胶轮子和按钮通常是由聚氯乙烯（即PVC）制成的。你的衣橱里可能也有很多由聚酯、丙烯酸或尼龙制成的衣服，这些材料都属于塑料。

容易塑形

29

户外

在这个阳台上，你能看到硬聚氯乙烯（即UPVC）窗框、ASA树脂制成的耐风化阳台家具，以及内衬聚苯乙烯泡沫、十分坚固的塑料自行车头盔。

知 识 圈

塑料的制造成本低，适应性强。因此，在许多现代家庭里，部分或全部由塑料制成的物品随处可见。

厨房橱柜里有许多PET塑料的瓶罐和其他食品容器。

客厅

地毯里织入了塑料纤维，增强耐磨性。有些地毯的底部铺了聚氨酯泡沫制成的海绵。沙发和椅子内部也填充了聚氨酯海绵，可以用来缓冲。

就连结实的冰箱门上，也有塑料零件。

厨房

从薄薄的LDPE购物袋、保鲜袋和垃圾袋，到由坚固、刚硬的聚碳酸酯制成的厨房台面，厨房中到处可见塑料的身影。许多炊具也是由耐热塑料制成的。

轻便、坚固又便宜

塑料坚固、耐磨，且广泛应用于医院、工作场所和家庭环境。塑料的运用可以让产品更加轻便。一个小塑料瓶的重量，只有同等大小的玻璃瓶的十分之一。但塑料最大的优势在于成本低。用塑料制造成的袋子、包装和产品零件的成本，通常比用其他材料低得多。

有助于医疗

塑料被用于制作注射器、口罩、手套和绷带，在医疗领域发挥着重要作用，这是因为它们便宜，而且容易处理。一次性废弃塑料按规定丢弃后可有效降低细菌传播的风险。

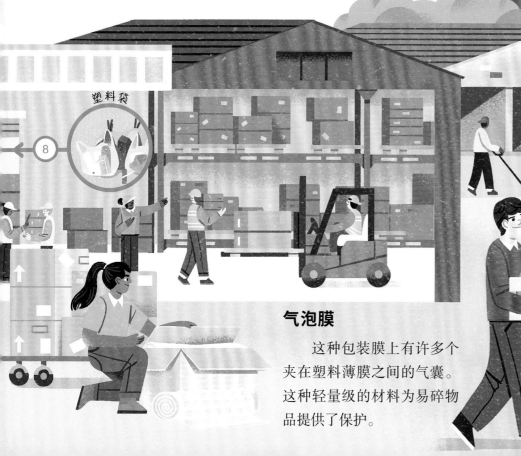

塑料袋

8

气泡膜

这种包装膜上有许多个夹在塑料薄膜之间的气囊。这种轻量级的材料为易碎物品提供了保护。

轻便

塑料因为比较轻便，经常被拿来制作成各种包裹的外包装。物品和包装越轻，运输所需的燃料就越少。

减重

飞机燃料十分昂贵，也对环境有害。飞机越轻，需要的燃料就越少。现代飞机使用了大量的塑料部件，以减轻自身重量。

必要的塑料制品

52

坚固

有些塑料可以挽救生命。它们可被制成坚固、抗震的材料，用在摩托车头盔和其他防护装备上。

车辆部件

从保险杠到控制装置，卡车上有三分之一的部件由塑料制成，因为塑料部件比大多数其他材料要轻。

便宜

聚苯乙烯等造价低廉的塑料可以塑造成不同的形状，用来保护计算机、电视机等昂贵物品。

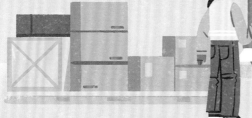

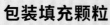

包装填充颗粒

打包贵重物品或易碎品时，可以将这种可压缩的小型聚苯乙烯泡沫塑料填充在缝隙中。外箱遇到颠簸时，它们可以吸收冲击力，起到缓冲和保护作用。

知识圈

塑料有许多有用的特性，可以保护物品和人，它们廉价、轻便，又让物品运输起来更为便利。

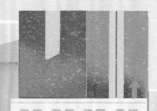

容易塑形

　　和许多材料相比，塑料的适应性非常强。它几乎可以被加工成任何形状，制成任何物体。每天都有数以百万计的塑料吸管、管道和管子通过"挤压"工艺生产出来。所谓挤压，就是通过机器把软塑料经由管口挤出来形成长条状物品的工艺。这不过是应用在塑料加工中的多种成型工艺之一。

薄布

　　这是一种用来制造浴帘、PVC服装的塑料薄布，是通过重型滚筒或轧光机挤压加热的软塑料制成的。

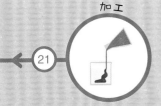

加工

21

热塑性塑料

　　这类塑料加热时会软化，冷却后会硬化。它们可以通过外力成型、塑形及多次重新加热，往往也是可回收的。

模压成型

　　自行车塑料头盔、酸奶盒和浴缸是采用真空成型的工艺制成的。技术工人在加工时，把塑料片加热软化，放在模具上，再把二者缝隙里的空气排出去，塑料片就会吸附在模具上成型。

中空塑料

　　吹塑工艺用于制造花盆、瓶子和其他中空塑料制品。在加工时，将液态塑料或软塑料倒入模具中，然后吹入空气，使塑料紧贴在模具上，形成特定的形状。

塑料纤维

有些服装纤维其实是塑料的。塑料被挤压通过一个有许多小孔的筛子状装置，从而形成纤维。

微纤维

35

硬塑料

把液态塑料加压注入模具是最常见的成型方式。模型组件、玩具，以及吹风机和其他电子产品的外壳，多是用这种方法制造出来的。

3D打印

数百或数千层塑料叠加后，形成了3D打印的塑料物体。细细的热塑料线从喷嘴处喷出，不断堆积，最终形成物体。

工业塑料

坚固的塑料（如锅把手、碗和汽车零件）由压模成型的工艺制成。在加工时，塑料颗粒在模具中被加热、压制。

液态塑料

液态塑料与其他物质混合以后，会形成液体涂料或胶水。

知识圈

人们可以用很多种方式对塑料进行塑形、模制和成型操作。这让塑料成了一种广受欢迎的材料，也是塑料得以被广泛生产并应用的原因。

为什么海里会有塑料？

　　自从塑料出现以后，人类已经累计生产了超过90亿吨的塑料。虽然塑料是在陆地上生产的，但是大多数塑料最终都会进入海洋。每年进入海洋的塑料至少有800万吨！

塑料海洋

海洋中多达五分之一的塑料是人为丢进去的，其余的塑料则是通过世界上众多的溪流、河流进入了海洋。

大自然的搬运

质量较轻的塑料制品在雨水冲刷、风力作用下，经由河流汇聚，最终流向海洋。

下水道

32

水道

33

人类活动

人们把塑料垃圾丢弃、倾倒在排水管、下水道甚至是海洋里，导致塑料在海中积聚。

产生微塑料

34

倾倒废弃物

36

乱扔垃圾

37

进入大海

海洋中的大部分塑料是通过世界各地的河流、溪流进入海洋的。这些水道从高处流向低处，最后汇入大海。倾倒在陆地上的垃圾和塑料往往会被风雨输送到水道或排水沟中，随后流入河流或是直接排入海洋。

被风吹走

大多数塑料垃圾都很轻，很容易被吹得很远，时常会进入水源中。

进入下水道

湿巾、一次性尿布和其他被冲进厕所的塑料垃圾会进入污水处理系统。这些垃圾如果堵塞下水道，需要人们花费时间和精力在污水处理厂中过滤出来。在某些地方，携带塑料的废水会直接排入大海。

微塑料

通过"过滤器"

污水系统的过滤器有时无法拦截一些很小的塑料颗粒，导致这些塑料会随着水流进入大海。

34

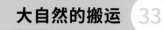

塑料入海

36

人为倾倒和意外事故

有人会故意把老旧的渔线、渔网和渔筐直接倾倒进海里。还有一些塑料制品会在船只倾覆或集装箱落水的时候意外入海。

沿海垃圾

丢弃在海滩和海岸线上的塑料杯、袋子、玩具和餐具，常常在风力和海浪的作用下进入到海里。

顺着水流

水道交错互通，这意味着，倾倒或丢弃在某地的塑料垃圾可以顺着水流轻松漂移上千米，而后进入大海。

知 识 圈

海洋中的塑料问题的根源在陆地。大多数塑料制品都很轻，可以漂在水上，所以水流可以把它们带到很远的地方。我们必须谨慎地生产、使用塑料，以免塑料进入大海。

产生微塑料

　　微塑料虽然小，却能制造出大麻烦。它们的直径不超过五毫米，而在我们的海洋里，有无数个这样的小碎片。微塑料会使海水浑浊，让水下植物和浮游生物无法吸收到生长所需的阳光。微塑料还可能导致海洋生物的消化道堵塞和内脏器官受损。微塑料进入海洋的方式有很多种。

受损的橡胶

　　汽车轮胎在路面上磨损后，会产生微小的碎片。有些碎片会被冲入下水道或河流中，最后流入大海。

胶粒入海

　　工厂用的小塑料颗粒可能会被倾倒入海，或是意外落海。曾有船只发生碰撞，致使船上成吨的胶粒掉入海里。

意外事故

33

聚苯乙烯

　　聚苯乙烯制成的杯子和包装很容易分解成小块，而后被吹入或冲入河海中。

无塑清洗 57

微珠

在一些国家，牙膏、化妆品和防晒霜中都含有微小的塑料珠。这些小塑料珠被使用者冲洗掉以后，会通过污水系统排入海洋。

微纤维

塑料织物每洗一次，就会有数以千计的微纤维从织物上脱落。有些纤维比人的头发还细，它们能轻松穿过洗衣机管道和污水处理过滤器，最终进入海洋。

海洋产生的微塑料

海洋中较大的塑料碎片会在阳光照射下变脆，进而被海浪拍碎。随着时间推移，碎片会越来越小，最后形成微塑料。

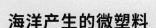

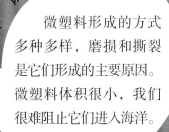

知识圈

微塑料形成的方式多种多样，磨损和撕裂是它们形成的主要原因。微塑料体积很小，我们很难阻止它们进入海洋。

从海岸线到海底

并不是所有的海洋塑料都会漂浮在海面上。很多塑料被冲上了海滩和海岸线，它们会散发臭味、影响景观，甚至危害环境。部分塑料会潜入深海，很难被人类发现。也就是说，海洋中的塑料垃圾问题可能比科学家们预想的还要严重。

海洋产生的微塑料

塑料入海

有成千上万的船只在海上捕捞海鲜。破损的塑料网、绳索、捕捉器和篮子常常落入大海。这些垃圾被称为"幽灵渔具"，会污染海洋。

在外海

外海的微塑料和体积较大的塑料制品会在不同深度的水层形成垃圾层。有些垃圾位于海平面以下很深的地方，人们很难去定位、评估。

最深的下潜

潜水器（也叫水下航行器）在已知的海洋最深点——"挑战者深渊"处发现了塑料袋、糖果包装纸和其他垃圾。

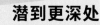

潜到更深处

有些塑料质量大、密度大，因此会沉入海底。海洋生物经常因为被塑料缠住而受伤。

35

偏远地区的塑料

亨德森岛位于太平洋，以它为中心，方圆约5000千米以内没有一块主要陆地，但是，洋流已经把塑料垃圾冲到了这座岛上。研究人员发现，在亨德森岛的海岸线上，平均每0.1平方米的土地上就有60多块塑料，有些塑料来自遥远的德国和加拿大。

海洋生物

每年有超过80万吨的捕鱼设备进入海洋，其重量相当于64 000辆大型校车的重量总和。

近海岸的塑料

多达80%的海洋塑料垃圾在随着距离陆地不到10千米的洋流区域流动。这些近海垃圾主要是塑料瓶、湿纸巾和烟头，其中很大一部分被海浪和潮汐冲到了岸上。

沿海鸟类可能会被颜色鲜艳的塑料制品吸引，想要吃掉它们。

伤害野生动物

塑料会缠住或困住沿海生物，最终夺走它们的生命。每年都有成千上万的寄居蟹因困在塑料瓶中而死去。

知识墙

从海面到海底深处，塑料污染无处不在。塑料垃圾会危害到各个水层的海洋生物；而且事实证明，它们被冲上海岸以后，也一样有害。

42

塑料对海洋有害吗？

　　科学家们仍在评估塑料对海洋的影响，但有一点已经很明确了：塑料造成了污染，破坏了动植物的栖息地。同时，科学家们也在研究，有多少塑料进入了生物体内，又会对食物链造成哪些危害。

对海洋的危害

许多海洋生物和将近一半的海鸟体内都有塑料。体积较大的漂浮塑料垃圾易被生物看到并躲避，但是海里还有数以万亿计几乎看不见的微塑料碎片易被海洋生物误食。

污染

大大小小的塑料会污染海水、海床和珊瑚礁，造成环境危害。

垃圾带

40

海洋栖息地

42

食物链

塑料会沿着食物链流动，也会扰乱食物链。在这个过程中，食物供应和许多海洋生物都会受到影响。

海洋生物

44

人类的食物

45

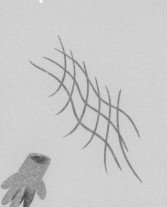

相连的洋流

全球海洋面积约占地表总面积的70%。地球上共有五大洋——太平洋、大西洋、印度洋、北冰洋和南冰洋，这些大洋共同构成了一个庞大又紧密相连的环流系统。汹涌的洋流会推动海水在各大洋之间流动。也就是说，某片海域里的塑料垃圾可能会出现在世界上的任何一个地方。

进入大海

旧塑料

人们原本以为，"大太平洋垃圾带"是近年来才出现的现象。然而，其中发现了一个50多年前生产的塑料箱打破了这种认知。

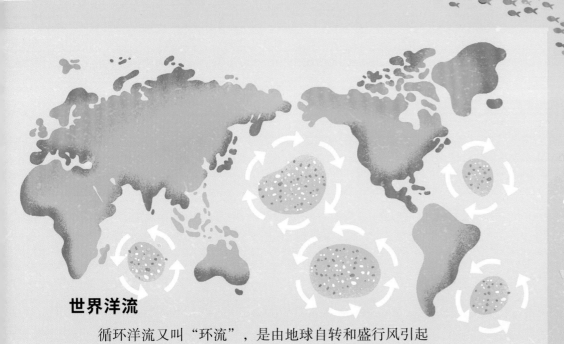

世界洋流

循环洋流又叫"环流"，是由地球自转和盛行风引起的。地球上一共有五个主要的环流。被卷入环流的塑料垃圾往往会积聚在其平静的中心，逐渐堆积形成垃圾带。

塑料垃圾带

"大太平洋垃圾带"位于夏威夷和美国海岸线之间，这片塑料"垃圾岛"的面积是法国国土面积的三倍。不过，由于还有数十亿块塑料碎片掩藏在海面下，我们很难精确测量它的面积。

意外发现

1997年，一位船长意外发现了"大太平洋垃圾带"。研究表明，由于被倾倒进海洋的塑料制品越来越多，"大太平洋垃圾带"的面积还在扩大。

塑料岛

垃圾带中的废弃渔网、瓶子和其他大型塑料物体会交缠在一起，形成浮在海面上的塑料岛。这些垃圾团块上会长出藻类，并散发出难闻的气味。

浪击落海

1992年，太平洋上的一场风暴让一台装有近3万个塑料沐浴玩具的集装箱从货轮上落入了大海。最终，散落的塑料鸭子、海龟和青蛙出现在了澳大利亚、阿拉斯加、欧洲和南美洲的海岸上。这一结果表明洋流会把物体带到很远的地方。

海洋食物链

"塑料汤"

大部分海洋垃圾带是由悬浮在水中的数十亿个塑料微粒组成的。它们形成了一团浑浊的"杂烩汤"。

知识圈

塑料污染通过彼此相连的大洋和洋流，扩散到世界各地。巨大的海洋垃圾带凸显了塑料垃圾对海洋的严重污染。

海洋生物

　　海洋里，特别是珊瑚礁所在的浅水区，栖息着一些奇特的生物。这些栖息地的面积不到世界海洋总面积的1%，却为全世界大约20%的海洋生物提供了栖息之所。如今，珊瑚礁和海洋的其他部分正受到塑料垃圾的威胁。自1950年以来，每年有超过100万条鱼因塑料而死，这也在一定程度上导致海鸟数量下降了三分之二。

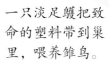

一只淡足鹱把致命的塑料带到巢里，喂养雏鸟。

虚假的食物

　　海鸟会把浮在海面上的塑料微粒错看成鱼卵，或把彩色塑料当成小鱼。锋利的塑料一旦被吞下，就会伤害它们的器官或堵塞它们的胃，无法消化排出。如今，大多数海鸟的胃里都有塑料。

海藻的吸引力

　　在海里留存很久的塑料上会长出藻类，散发出与鱼类、鸟类的寻常食物相似的气味。饥肠辘辘的生物可能会把塑料和藻类一起吞到肚子里。

致命的诱饵

　　有些海鱼被塑料垃圾缠住，无法自由游动；更多海鱼的嘴、鳃和胃里塞满了塑料，导致它们无法呼吸、进食，最后因此而死去。

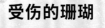
海鲜

受伤的珊瑚

　　塑料会遮住珊瑚生长所需的阳光。硬塑料会破坏珊瑚的表面。如果塑料还携带有害细菌，珊瑚的伤口就会感染。

伤害野生动物

水下的威胁

海面下的塑料垃圾会缠住潜水、游泳的海鸟。有些海鸟无法脱身，很难重新浮出水面，最后可能会被淹死。

知识圈

塑料垃圾给海洋造成难以忽视的影响。它的危害无法估量，给各种海洋生物带来了毁灭性的灾难。

消化塑料

海洋生物意外吞下塑料袋和环形塑料便携包装后，无法像消化食物一样消化掉这些异物。这些垃圾停留在动物的胃和内脏里，让动物无法正常进食。

塑料缠结

每年都有成千上万只海龟因塑料而死。它们要么被塑料线、塑料网缠住，要么把塑料袋错当成海蜇，在吞食过程中被噎住。

微塑料食物链

　　每个人平均每年会吃下至少5万个塑料微粒，而人类直接吸入体内的还要更多。人类吃下的很多微粒，来自餐桌上那些吞食过塑料微粒的动物。有些塑料微粒会慢慢积聚在我们的身体里。科学家们正在研究人体内的塑料微粒会造成哪些危害。许多专家认为，它们会损伤人体细胞，影响呼吸系统和抵抗力。塑料中的化学物质甚至可能影响发育。

浮游动物

初级消费者

　　海洋中有数以万亿计的微小浮游动物，它们是海洋食物链的初级消费者。它们以浮游植物为食，会在吸收水分的同时，吸收微塑料纤维。

磷虾

鲭鱼吞食磷虾的同时，磷虾体内的塑料也进入了鲭鱼体内。

金枪鱼

次级消费者

　　初级消费者会成为更大的海洋生物（比如虾状生物——磷虾）的盘中餐。动物体内的塑料会沿着食物链传递。

海洋食物链

　　食物链反映了生物之间的摄食关系。生物通过摄食，获取生存所需的能量和营养。食物链一般从植物开始，它们自己会制造食物。动物在摄食植物或其他动物的时候，能量就会沿着食物链转移。每一种生物都是食物链的一环。

更高级的"捕食者"

　　捕食者同样是被捕食的对象。比如，鲭鱼是金枪鱼的猎物，而金枪鱼又是人类的猎物。

水上行动

微塑料

海鲜

　　我们在吃海鲜的时候，也可能会吃到微塑料。据悉，高达四分之三的鱼类体内可能含有微塑料。

塑料水

　　人们在瓶装水和自来水中都发现了微小的塑料颗粒。大多数微塑料都非常小，肉眼看不到。

盐

　　你在食物上撒盐的时候，也有可能会把微塑料撒进盘子里。很多种海盐里面都发现了微塑料。大多数海盐是通过海水蒸发而提炼出来的，海水蒸发后只剩下盐和微塑料。

知识圈

　　一种海洋生物吃掉另一种生物的时候，微塑料会沿着食物链传递，最后进入人体。塑料可能会积聚在我们的身体里，释放出可能限制人体发育或伤害人体的化学物质。

我们怎样开始清理？

　　我们要创造一个不那么依赖塑料的未来，不过在此之前，我们要先处理现有的塑料在陆地上和海洋中造成的破坏。我们要采取行动，收拾烂摊子，同时减少当前使用塑料的数量。

减少塑料

减少地球上的塑料数量是一项艰巨的任务。大众、社区和国家要共同努力，清理塑料垃圾，共同减少塑料使用。

清理塑料垃圾

我们要清理那些污染了环境的塑料垃圾。目前，慈善机构、社区和科学家正在努力实现这一目标。

清理活动

48

技术

50

减少生产塑料制品

相关部门可以颁布禁令、制定新法规，减少塑料制品的生产和使用。各国可以鼓励人们改变消费习惯，支持塑料替代品。

新法规

52

禁令和征税

53

清理

从挂在树枝上的塑料袋到食物里的微塑料，塑料污染无处不在。塑料往往会从被倾倒的地方移动到更远的地方。清理塑料垃圾需要花费大量的时间和精力，但是许多人认为，这些付出是值得的。塑料垃圾被清理过的地方会有更美的风景，这也会降低塑料对生活在当地的人们和其他生物的危害。

谁来承担费用？

许多人认为，政府应该和生产塑料最多的企业一道承担清理的费用。

垃圾回收者

拾荒者、志愿者和废品回收企业承担了大部分清理工作。他们清理了公共场所的塑料垃圾。

清理塑料垃圾

捡拾塑料垃圾

不论是个人、慈善机构、学校还是整个社区，都可以在自己所在区域内开展垃圾清理活动，只要准备好安全手套、袋子和捡拾垃圾的工具就可以开始啦。

PET

聚对苯二甲酸乙二醇酯（PET）瓶子是清理工作中最常见的塑料垃圾。

使用无人机

人们使用无人机查找、定位塑料污染地。无人机上搭载的摄像头可以识别不同类型的塑料垃圾。

近海岸的塑料

水上行动

志愿者们乘坐小船、皮划艇和木筏，打捞漂浮在河流、溪流和湖泊表面的塑料垃圾。部分水道中安装了长水栅和被称为"罗网"的网状物，把塑料垃圾引到易于收集的地方。

清理海岸线

很多团体和组织在海滩和海岸线上捡垃圾。海洋保护协会每年协助组织数千场"国际海岸清洁"活动，吸引了大约100万人参加。他们收集垃圾，把不同类型的塑料或塑料制品分类处理。

HDPE

PP

在清理过程中收集的高密度聚乙烯（HDPE）制品往往可以回收再利用。

聚丙烯（PP）制成的瓶盖和食品包装也很常见。

收集和记录

对于研究塑料污染的科学家而言，海岸清理小组记录的信息非常有价值，能够让他们更清楚地了解问题的严重性。

知识圈

塑料正在污染我们的陆地和海洋。我们可以通过清理环境、减少塑料垃圾，为创造更健康的生活环境贡献一份力量。

科学技术

目前，工程师和科学家正在努力研发解决塑料污染问题的新型化学手段和技术。一些专家正在着手开发清除河流、海洋和海岸塑料垃圾的机器；另一些专家则在寻找使塑料更容易回收的方法。如果这些工作进展顺利，会对保护环境产生积极的影响。

气泡屏障

这些设计精巧的运河清洁设备会在水下喷出气泡。鱼类可以穿过这些气泡，但是塑料不行。上浮的气泡会把塑料带到水面上，便于清理。

河流清洁设备

科学家们已经开发出了一种在河流中巡游的机器人，它们可以随时铲起水面上或水面附近的垃圾。有些机器人可以在一天之内收集超过450千克的垃圾，其中大部分是塑料垃圾。

新思路

65

水上撇渣器

这类专用船只可以在河流、湖泊、海岸和海洋里收集塑料垃圾。它们利用传送带，把塑料垃圾装入大袋子，便于处理。

使用无人机

分解塑料的细菌

有些细菌和真菌能够产生特殊的化学物质，分解PET等塑料。科学家们正在研究利用这些化学物质解决河流或海洋中塑料污染问题。

塑料腐化

化学家尝试在现有塑料中添加化学物质。这些化学物质可能会加速废弃塑料的腐化，减少塑料垃圾问题。

吸沙机

这是一款特殊的背包式真空吸尘器，它能吸起沙滩上的沙子，再把掺在沙子中的塑料过滤掉。它可以在几个小时内收集一百多万块微塑料碎片。

船只定期到访，将塑料垃圾运走处理。

水栅移动很缓慢，以防塑料垃圾漂走。

海洋清理

一位荷兰少年发明了这道2000米长的C型水栅，它漂在海洋垃圾带上，顺着洋流移动，收集了大量漂浮的塑料。

知识圈

我们可以借助科学技术，清理漂浮在海上的塑料，但是，这不能从根本上解决塑料垃圾问题。我们首先要从源头上减少塑料制品生产。

禁用塑料

既然塑料的危害这么大，为什么各国不禁用塑料呢？事情没有那么简单。塑料深受企业和民众的青睐有很多原因，最重要的原因是塑料轻便又便宜。人们认为，有些塑料制品不可或缺，无法用其他材料替代。全面禁用塑料是不太可能的，但是，已经有很多国家发布了政策，禁止或限制某些塑料制品的销售和使用，特别是一次性塑料制品。

对塑料制品说"不"

宣传活动可以帮助人们了解塑料的危害。这样的活动可以鼓励政府或企业优化产品设计，减少使用塑料制品。

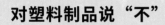

降低物价

塑料价格低廉，如果使用其他替代材料商品价格也会随之提高，这令很多人无法接受。所以，我们必须找出办法，让替代材料更便宜。

必要的塑料制品

有些塑料制品（如减震头盔）可能会继续生产并使用，因为它们能够提高安全性。有些一次性的医疗用品也用塑料制作，用完之后方便统一处理。

环保活动人士呼吁，要限制新兴塑料企业的塑料产量。

新法规

有些国家已经禁止使用特定塑料制品，如塑料吸管、食物托盘和容器。到目前为止，已经有90多个国家引入了禁用一次性塑料袋的法规。

全球协议

联合国已同意制定一项应对塑料污染问题的全球性条约。各国必须承诺对本国的塑料使用场景和方式进行严格监管。

减少塑料制品销售

超市可以采取更多措施，避免使用塑料制品。他们可以出售使用可循环包装的食品，也可以让顾客自带购物袋装购买的饮料、意大利面、洗发水和其他产品。

知识圈

各国政府和企业具备大幅削减全球塑料使用量的能力。他们可以积极采取措施，应对塑料污染，例如对特定塑料制品颁布禁令并征税。

不同的包装

有些企业正在尝试减少、甚至去掉包装中的塑料。他们用卡纸代替塑料，或者用粘胶罐代替环形塑料便携包装。

取缔塑料包装

少数国家已经禁止使用塑料包装处理果蔬。一些国家的超市推出了"无塑货架"，这类货架上的商品都不使用塑料包装。

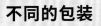

使用自带包

57

对塑料制品征税

自20世纪90年代起，许多国家开始对塑料袋征税。让人们为使用一次性塑料制品付费，可以减少他们使用塑料制品的数量。

我们可以不用塑料吗？

就目前而言，我们购买、使用和丢弃的很多物品里面都含有塑料。我们用惯了塑料，很难想起还有其他的替代材料。但是如果你多留心观察，就会发现塑料其实有很多的替代品。

减少使用量

尽可能选择非塑料制品。加大对塑料制品的回收和再利用力度，减少塑料垃圾。

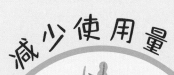
重复使用

避免使用

回收利用

56

57

58

停用塑料

有需求才有供给。人们有意购买塑料制品，企业就会生产、销售塑料。如果消费者转向无塑产品，企业就不得不转型，不再生产新的塑料制品。

材料

尽量使用塑料的替代品。同时，我们也要找到全新的生活方式，减少塑料使用。

传统包装

替代材料

60

61

减"塑"生活

每天，你都可以做很多事情来减少塑料的使用和浪费。有时，你只需要选择不买新东西，修补或继续使用现有物品；有时，你可以不用外包装，或是吸管、袋子这样的一次性塑料制品；甚至在同一品类里，你选择了塑料含量更低的商品都是一种进步。我们只要稍稍费神注意一下，就可以避免使用大量新塑料制品，从而取得令人惊喜的结果。

不同的包装

53

重复使用塑料瓶和塑料容器，就能避免使用新的塑料制品，这是一个相当明智的做法。

重复使用

选择可重复使用的物品代替一次性塑料制品，减少塑料垃圾。喝水可以用自带杯，重复装水，这样就能避免出现用过一次就扔掉的情况。

少买含塑的服装

许多新衣服里都含有塑料。尽量少买新衣服，避免只穿几次就扔掉的情况。你可以把衣服穿久一些，和朋友交换衣服，或者从旧货商店里购买二手衣服。

塑料再加工

用过的塑料制品可以变废为宝，重获新生。试着把它们做成喂鸟器、首饰或笔筒。

修理代替购买

不要直接丢掉那些破损或不好用的物品。这些物品往往很容易就能修好，所需的花费也比买一个可能含有大量新塑料的替代品要少。

知 识 圈

如果每个人都能在日常生活中善用塑料，那将产生巨大的改变，环境也会越变越好。如果我们选择低塑产品或无塑产品，可能会促使企业做出和我们一样的选择。

无塑清洗

不买含微塑料的商品。考虑用肥皂代替沐浴露，用固体洗发皂代替洗发水，这些产品用完之后，不用考虑丢弃或回收塑料瓶的问题。

回收旧衣服

使用自带包

一些商店出售散装商品，包括谷物、坚果、意大利面和草药。人们从家里自带可重复使用的袋子去购物，不再使用其他任何塑料制品。

57

回收利用

　　如果你无法修复或重复使用一件塑料制品，也可以用正确的方法去回收利用它。回收利用塑料，可以节约生产新塑料制品的能源、资源。更重要的是，那些废弃的塑料一旦经过回收，就不会进入垃圾填埋场，或是被倾倒在陆地上或海洋中。目前，只有9%的塑料得到了回收利用。塑料回收工作虽然非常烦琐，但可以避免制造新的塑料制品，为此投入的时间和精力都是值得的。

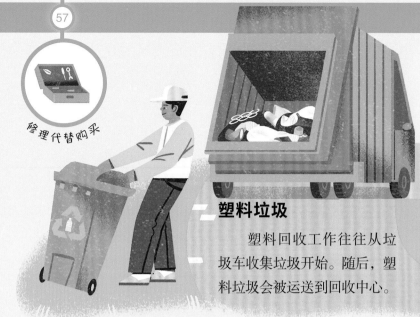

修理代替购买

塑料垃圾

　　塑料回收工作往往从垃圾车收集垃圾开始。随后，塑料垃圾会被运送到回收中心。

垃圾分类

　　塑料回收，从垃圾分类做起。把废弃的塑料制品扔到学校或家中正确的回收箱里，以便于收集。

塑料类型

　　塑料制品表面一般都会有一个刻有数字编号的三角形。回收中心会根据不同的数字给塑料分类，并据此判断它是否可以被回收利用。

01 – PET	02 – HDPE	03 – PVC	04 – LDPE	05 – PP	06 – PS	07 – OTHER
饮料瓶、外卖盒	奶瓶、包装袋、洗发水瓶	管道、药品吸塑包装	可挤压瓶、收缩膜、袋子	瓶盖、玩具、吸管	包装、热饮杯、包装填充物	光盘、亚克力服装、尼龙牙刷

有些不适合回收的塑料制品，有很大可能会被运到垃圾填埋场处理。

分类

回收中心会对塑料进行分类，不同类型的塑料会被归入不同的回收生产线。

回收利用

粉碎

塑料被机器粉碎，或磨成更小的碎片，然后沿着传送带传送。

熔化

塑料经加热、熔化后形成胶粒，而后被运往制造新塑料产品的工厂。

清洗与干燥

利用喷水器和干燥器对塑料碎片进行清洗，进一步分拣去掉不适合二次利用的塑料。

新塑料

回收的塑料往往会被制成其他类别的物品，这是因为塑料分子在回收过程中轻微受损，质量欠佳，不能再做成原来的物品。

PET

回收的PET塑料通常会被制成帆布背包、地毯或织物纤维。

HDPE

回收的HDPE塑料通常会被制成户外玩具和花盆。

知识圈

回收利用可以让塑料重获新生，但是，并非所有塑料都能回收。因此，我们在购买时，需注意塑料的类别。尽量购买可以回收的塑料制品。

替代材料

材料科学家正在设法解决塑料问题。有些科学家正在研发危害较小的新型替代材料，以取代由化石燃料制成的塑料；还有些科学家正在发掘现有材料的新用途，用来替换塑料。他们发现，碎燕麦或胡桃壳可以替代洗面奶中的塑料微珠。然而，尚未发现十全十美的塑料替代品。

不同的包装

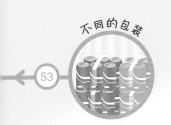

53

竹子

竹子等草本植物的生长速度较快。一些品种的竹子每天可长50厘米左右，最终高度可以超过18米。它们的茎可以制成袜子和牙刷毛，还可以代替塑料棉签和吸管。

纸板和纸张

与塑料包装相比，制作纸板会消耗更多的能源和水，但是纸板的生物降解速度更快，回收起来也更容易。人们还可以重新种树，用它们制作更多的纸板和纸张，而生产塑料的石油总有一天会被用完。

铝

铝是一种从岩石中开采出来的轻金属，常用于制造箔纸、罐头和容器。铝可以取代部分塑料容器，并且能多次回收利用，但制造过程会耗费大量能源。

玉米淀粉塑料

玉米粒是制作玉米淀粉塑料的原材料。目前，人们用这种天然塑料制作垃圾袋、宠物拾便袋和一次性餐具。它可以取代部分一次性塑料制品，但在特定条件下容易腐烂。

快餐包装

海藻

海洋中有数百万吨海藻。部分海藻被转化成了可制作一次性杯子和食品包装的新材料。就目前而言，海藻包装的制作成本远高于塑料包装，但这种材料的生物降解周期只需要几个星期，而不是几个世纪。

酪蛋白塑料

早在20世纪，人类就用牛奶制出了一种名为"酪蛋白"的天然塑料。科学家们正尝试开发一种更容易制造且不那么脆弱的酪蛋白塑料。它可以取代许多食品和饮料包装中的塑料成分，而且在被丢弃后，很快就会降解。

知识圈

目前，一些塑料替代品已经问世，还有一些正处于研发阶段。有些替代品的生物降解速度比塑料快得多，但是制造成本相对较高，因此，我们下一步需要降低它们的制造成本。

我们还能做些什么？

　　塑料问题看似宏大又棘手，但是我们每个人都可以采取行动，减少危害。现在行动还不晚。让我们一起齐心协力，共同清理塑料垃圾，减少塑料使用，保护我们的地球。

下一步

无论国家、社区还是个人，都有责任采取行动，解决塑料垃圾问题。其实，方法有很多。

齐心协力

民众团体无论规模大小，都可以发声，请愿制定新法规，找出减少塑料使用和浪费的方法。

民众

64

企业

64

政府机构

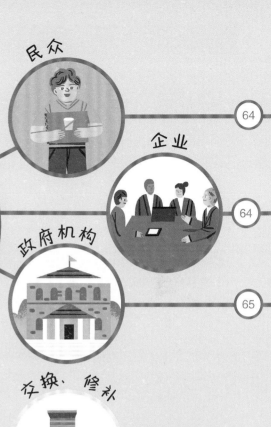

65

个人

每天尽量少买、少用、少丢塑料垃圾。举手之劳看似微不足道，但是只要我们坚持下去，就会取得效果。

交换·修补

理念宣传

包装

我们能做什么?

关注塑料问题的民众可以主动发声,呼吁改变现状。他们既能以自身名义呼吁大家做出改变,也能以团体成员的身份进行倡导。有些团体专注于所在地环境的清洁,或提供塑料替代品;还有一些人在倡导减"塑"生活。民众也可以尝试与大型企业和政府领导人对话。也许,这样的沟通会让大型企业改变使用塑料的方式,或促使政府制定新法规,减少塑料使用。

做出改变

所有团体组织都可以做出积极有效的改变。他们可以减少使用塑料包装,或用竹制、纸制材料替代塑料。

改变观念

许多团体发起了各类活动,试图改变人们的观念。他们想让人们更深刻地意识到塑料问题的严重性,并思考解决方案。

对塑料制品说"不"。

消费者的力量

如果消费者的抵制声足够大,一些快餐企业可能会不再随餐赠送塑料玩具。如果发声的人足够多,企业就可能会随之改变经营方式。

知识圈

与其他团体合作，会让解决塑料问题更容易。一旦有越来越多的人表达自己的关切，领导人就能听到群众的想法，设法改变现状，减少塑料的使用。

与政府合作

主动宣传塑料危害的相关知识，有助于政府与民众携手采取措施。这会促使政府同意加大对塑料制品的回收利用力度，减少或禁用特定塑料制品，并控制塑料中的有害化学物质。

新思路

有些地方的自动售货机可以回收旧塑料瓶。民众只要把塑料瓶放进售货机，就会得到小额回报。政府可以引入这一办法，鼓励人们不要购买新的塑料制品。

呼吁书

如果民众认为某个问题非常重要，可以和他人一起通过呼吁书的形式告知政府和企业：民众希望他们采取措施，应对塑料污染问题。

孩子也能做出改变

小孩也有大力量。有些孩子倡导加大回收力度，避免使用塑料，或组织清洁日。有些孩子已促使政府下定决心修改与塑料使用相关的法规。

你能做什么？

在减少使用塑料方面，你也可以贡献一份力量。从思考买什么、吃什么，到对一次性塑料制品说"不"，再到给政府信箱留言，这些都是你在日常生活中就可以做到的小事。这些事情看似微不足道，但是如果做的人多了，就会产生很大的影响。鼓励其他人一起行动，共同改变现状！

交换商店

与其扔掉自己不再使用的塑料制品，不如摆摊和别人交换。这不仅可以防止这些垃圾进入垃圾填埋场，还可以避免购买新的塑料制品。

回收旧衣服

你可以修补旧衣服，或者把它们改得合身一点。把不需要的衣服拿到旧货商店回收。你也可以和他人交换衣服或购买二手衣服，这样就不用买新衣服了。

清理塑料垃圾

加入一个收集、清理塑料垃圾的团体，去清理那些被人丢在溪流、池塘或公园里的垃圾，保护野生动物。你甚至可以与学校或社区的人员共同组织一次清理塑料垃圾的活动。

理念宣传

　　了解塑料污染问题和自己能做的事，然后把了解到的内容尽可能分享给更多的人，让他们知道自己用的塑料从哪里来，这些塑料又会对环境和健康造成哪些影响。

回收利用

　　鼓励家人尽量减少塑料垃圾的数量，提高他们的回收利用意识。在把塑料物品扔进回收箱之前，先确认它们是空的、干净和干燥的。别忘了查看塑料制品的包装，这样丢弃时你就知道如何分类了。

减少使用食品包装

　　自带午餐可以反复使用塑料餐盒和密封盖。用同一个饮料瓶续杯，这样就无须购买新的塑料盒或塑料瓶。

包装

　　不要购买、使用塑料包装纸。包裹礼品的时候，可以考虑使用再生纸、好看的旧报纸或杂志版面。

知识圈

　　要想解决塑料垃圾问题，我们必须采取措施，减少塑料使用。了解塑料制品，避免购买一次性塑料制品；多多重复使用塑料制品……这些都是你可以做出的贡献。

词汇表

ABS
丙烯腈–丁二烯–苯乙烯共聚物，用于制造硬塑料。

ASA
丙烯腈、苯乙烯、丙烯酸酯共聚物，一种坚固耐用的塑料。

吹塑
工厂用于制造瓶子等中空塑料制品的工艺。

单体
能与同种分子聚合形成化合物的小分子。

分解者
一种可以分解死去动植物的生物，如细菌或真菌。

焚烧
以火烧方式销毁垃圾。

分子
一组键合在一起的原子构成分子。万事万物都是由分子构成的。

HDPE
高密度聚乙烯。一种坚固的塑料，用于制造厨房用具、板条箱、牛奶罐等诸多产品。

合成物
由人类制造的物体、物质或材料。一些合成产品经过设计，神似天然产品。

合成橡胶木
最早的人造塑料之一。

化石燃料
由史前植物或动物残骸形成的含有能量的燃料，如煤、石油或天然气。

环流
洋流在大洋中循环的模式。

回收利用
将用过或废弃的材料转化为可再次使用的东西。

挤压
用外力让塑料通过金属喷嘴，制成塑料棒或塑料管的方法。

胶粒
一种非常小的塑料颗粒，是制造塑料制品的原料。

聚苯乙烯
一种塑料，通过吹气使其膨胀，从而形成轻质模塑包装。

聚合物
一种由长分子链制成的物质。塑料属于聚合物。

聚酯
由不同的高分子材料缩聚而成，通常用于制造织物。

垃圾带
漂浮在海上、被洋流集聚起来的大片塑料垃圾。

垃圾填埋场
填埋垃圾的大洞或坑。

LDPE
低密度聚乙烯。一种用于制作食品托盘、可重复使用的塑料袋和可挤压瓶的塑料。

炼油厂
加工原油，并将其转化为有用产品（如汽油）的场所。

尼龙
一种人造塑料，通常会被纺成纤维，用于制作织物、钓线和渔网。

PET
聚对苯二甲酸乙二醇酯，一种透明、坚固、轻质的塑料，用于制造可回收塑料瓶。

PP
聚丙烯，一种耐化学腐蚀的坚韧塑料。

PVC
聚氯乙烯，最常见的塑料品种，用于制造管道、鞋子和衣服。

气候变化
世界气候的持续变化。

热塑性塑料

一种加热后会软化，冷却时会硬化的塑料。

渗滤液

流经垃圾填埋场的液体，通常含有化学污染物。

生态系统

以多种方式相互依赖且依赖环境的生物群落。

生物降解

天然物质衰变为更简单物质的过程。

石脑油

从精炼油中提炼出来的液体。用于生产多种塑料。

食物链

生态系统中一系列相互依存，有摄食关系的生物体形成的联系。

水道

用于水上航行的河流、溪流、运河或其他狭窄路线。

提炼

从地下开采原油的过程。

UPVC

硬聚氯乙烯，被用作建筑材料的塑料，常用于制作窗框和管道。

微纤维

一种极细、极薄的塑料纤维。

微塑料

直径不到0.5厘米的小塑料片。

微珠

一些化妆品中添加的微小固体塑料球，如洗面奶和沐浴露。

温室气体

在温室效应中起着一定作用的地球大气气体，尤指二氧化碳和甲烷。

温室效应

大气中特定气体阻止太阳热量逸回太空，使地球变暖的现象。

污染

指有害物质出现或暴露在环境中的情况。

污水处理系统

将废物、废水输送到污水处理厂进行清理的排水管道系统。

细菌

由单细胞组成的微小生物。大多数细菌只能在显微镜下观测到。

亚克力

一种塑料，可制成透明片，模压成物，或制成织物。

压模成型

一种利用热量和压力对模具内的塑料物体进行塑形的工艺。

一次性物品

只用过一次就扔掉的物品。

幽灵渔具

被抛入海中的渔网和其他捕鱼装备的统称。

油田

蕴藏着大量石油的地下区域。

原油

未经提炼、加工处理，处于天然状态的石油。

原子

构成所有物质的微小粒子。

真空成型

塑料加工工艺。在模具周围吸附塑料，形成一个物体。

蒸馏塔

炼油厂的高塔，用来分馏石油。

资源

对人类有用的东西，如原材料、空气、水和能源。

索引

图书在版编目（CIP）数据

如何解决塑料问题？ / (英) 克莱夫·吉福德著；李含柔绘；大南南译. -- 北京：中译出版社, 2024.4
（思考世界的孩子）

书名原文：Why Does Plastic Hurt the Planet?

ISBN 978-7-5001-7744-9

Ⅰ. ①如… Ⅱ. ①克… ②李… ③大… Ⅲ. ①塑料—儿童读物 Ⅳ. ①TQ32-49

中国国家版本馆CIP数据核字(2024)第043734号

著作权合同登记号：图字01-2023-5864号

审图号：GS京 (2023) 1266号

Copyright © Weldon Owen International, LP
Simplified Chinese translation copyright © 2024 by China Translation & Publishing House
ALL RIGHTS RESERVED

如何解决塑料问题？

RUHE JIEJUE SULIAO WENTI?

策划编辑：胡婧尔　吴　第

责任编辑：张　旭

营销编辑：李珊珊

文字编辑：张婷婷　刘育红

出版发行：中译出版社

地　　址：北京市西城区新街口外大街28号普天德胜大厦主楼4层

电　　话：(010) 68002876

邮　　编：100088

电子邮箱：book@ctph.com.cn

网　　址：http://www.ctph.com.cn

印　　刷：北京博海升彩色印刷有限公司

经　　销：新华书店

规　　格：889毫米 × 1194毫米　1/16

印　　张：4.5

字　　数：79千字

版　　次：2024年4月第1版

印　　次：2024年4月第1次

ISBN 978-7-5001-7744-9　　　　定价：76.00 元

版权所有　侵权必究

中译出版社